AF500698

MÉMOIRE

Sur la possibilité d'établir un grand Canal de navigation entre la rivière de l'Adour et celle de la Loire, à travers les départemens des Landes, de la Gironde, de la Charente-Inférieure, des Deux-Sèvres, de Maine-et-Loire, etc.

Par P. L. A. LOBGEOIS, Officier du Génie à Bordeaux, Associé correspondant de la Société d'Agriculture et Arts du département des Landes.

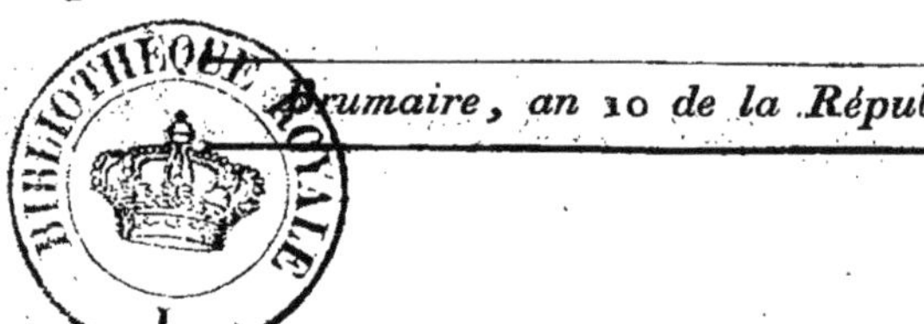

Brumaire, an 10 de la République.

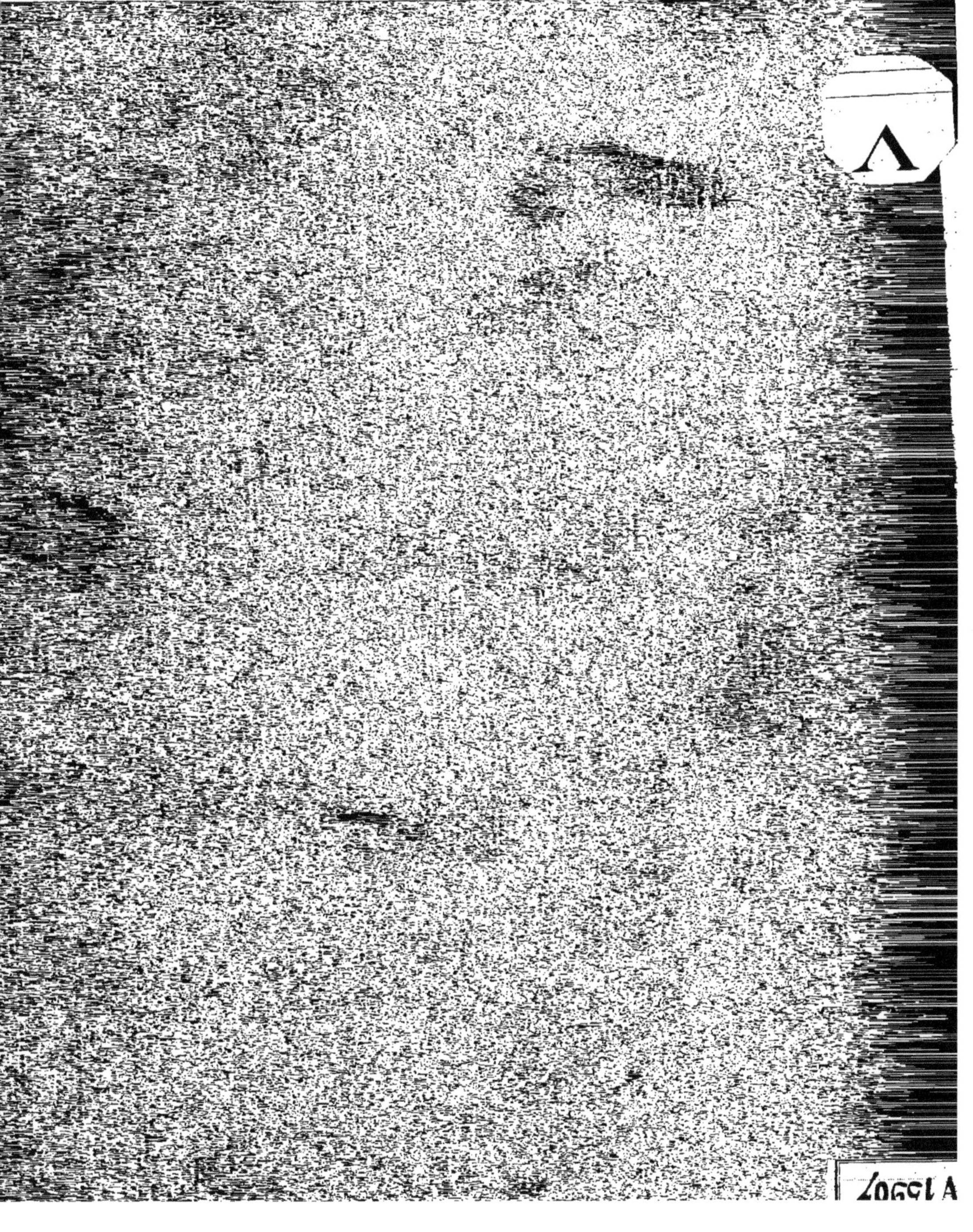

AVANT-PROPOS.

L'ORIGINE de ce travail remonte à une époque bien antérieure à celle-ci. Employé, par ordre du Ministre de la Guerre, sur la côte maritime du département des Landes, je fus chargé de présenter les moyens de pourvoir à sa sûreté. Pour m'en acquitter avec succès il fallait une connaissance exacte des localités, je parcourus plusieurs fois ce pays.

Les nombreux étangs dont cette côte est bordée, le volume des eaux qu'ils contiennent, leur affluence extrême, leur supériorité par rapport à la mer, leur rapidité dans les canaux par où elles s'écoulent, tout me suggéra l'idée d'un canal de navigation, de la rivière de l'Adour au bassin d'Arcachon, et celle d'un port au débouquement de Mémisan. J'en développai le projet dans un écrit intitulé : *Mémoire sur les moyens d'améliorer la côte maritime du département des Landes*, et je l'adressai au Comité de Salut Public, le 22 Prairial an 2, avec quelques réflexions sur l'embouchure de l'Adour. Voici la réponse que je reçus en date du 17 Fructidor suivant :

LA COMMISSION DES TRAVAUX PUBLICS,

AU CIT. LOBGEOIS,

Officier du Génie, à Bordeaux.

Le comité de Salut Public a transmis à la commission des Travaux Publics le Mémoire et les réflexions que tu lui avois adressés, par ta lettre du 22 Prairial, sur les moyens d'améliorer la côte maritime du département des Landes, et sur l'embouchure de l'Adour.

La commission a examiné, avec la plus grande maturité, tes idées, et divers autres Mémoires, sur la fixation des dunes, et les intérêts de la République l'ont obligée de préférer la voie des semis, qui a déja été employée avec succès. L'amour de la vérité l'a forcé aussi d'applaudir aux vues patriotiques qui t'ont dictées ton travail, et à te temoigner la satisfaction avec laquelle elle te verra consacrer ton zèle et tes lumières à des travaux d'une utilité non douteuse.

Signé, LECAMUS.

Mon rappel de cette partie, les travaux dont j'ai été chargé depuis, ne m'ont pas permis de m'occuper de ce projet, à l'exécution duquel les circonstances ont été, d'ailleurs, peu favorables jusqu'à ce moment; il falloit un tems plus heureux, et dès que je l'ai entrevu je me suis empressé de revoir mon travail pour le présenter de nouveau : voulant en examiner les conséquences sous le rapport des pays adjacens, l'inspection de la carte me suggéra de donner plus d'extension à mes premières idées; c'est ainsi que d'étude en étude, de réflexion en réflexion, j'ai conçu la grande entreprise que je vais développer.

J'ai cru devoir entrer dans ce détail à cause des larcins qui se commettent journellement sur tout ce qui appartient aux Arts et au Génie, afin de pouvoir, dans tous les cas, réclamer la priorité des moyens que je crois nouveaux, n'ayant entendu parler d'aucun projet pareil. Je ne suis point homme à vouloir m'habiller aux dépens d'autrui; je publie ce que je sais, et disposé d'ailleurs à rendre justice à qui il appartient, j'indique avec franchise les sources où j'ai puisé quelques renseignemens utiles.

MÉMOIRE

SUR LA POSSIBILITÉ D'ÉTABLIR UN GRAND CANAL DE NAVIGATION

Entre la riviere de l'Adour et celle de la Loire.

Les Rivières, les Canaux, les Chemins, sont au corps politique, ce que les Artères et les Veines sont au corps humain.

LA révolution qui s'est opérée en France, depuis 1789 (v. st.), en changeant la base de son gouvernement, doit étendre nécessairement son influence sur les mœurs, le caractère, les habitudes, le génie, et même l'industrie de ses habitans ; d'autres sentimens doivent remplacer cette frivolité qui distinguait jadis les français, serviles imitateurs d'une mode, d'un luxe, dont une cour prodigue déterminait les formes à son gré ; nos malheurs, nos fautes, nos vices, les vertus héroïques de nos défenseurs, tout ce qui a pu illustrer ou ternir notre révolution, doit nous avoir convaincu qu'il est un autre genre de gloire à acquérir.

Nous avons étonné l'Europe par nos actions guerrières, forçons-la maintenant de nous admirer, au sein de la paix qui vient de luire pour nous! Que les arts, l'industrie, le commerce, l'agriculture, que tout se ressente de cette énergie brûlante qui caractérisa notre carrière militaire! Déja le commerce paraît vouloir s'élancer de nouveau dans les anciennes routes de sa prospérité; une généreuse émulation renaissante dans nos ateliers, nos manufactures, va les arracher à cet état de langueur dans lequel ils étaient plongés depuis plusieurs années; la variété, la beauté, le fini de leurs productions ne laisseront plus au consommateur que l'embarras du choix; enfin, des citoyens amis de leur pays, de vrais patriotes ont conçu et réalisé, en partie, le projet de nous soustraire aux tributs que notre frivolité nous faisait autrefois payer à l'étranger. Pour hâter cet instant heureux, où la France jouira de la prospérité la plus brillante, que lui manque-t-il? Des communications directes entre les principaux entrepôts de la république, des chemins faciles et bien entretenus, des rivières, des canaux navigables; voilà les conduits par où doivent couler les sources de la félicité publique, pour porter la vie dans toutes les parties de la France! Et quel pays à été plus favorisé de la nature sous ce rapport? Une infinité de ruisseaux, de rivières plus ou moins navigables l'arrosent dans tous les sens; la majeure partie est susceptible de le devenir, ou de l'être d'avantage, il ne reste qu'à choisir les directions les plus favorables pour activer les communications de première nécessité.

De tous les canaux dont le commerce intérieur réclame l'exécution, un des plus utiles, sans contredit, sera celui dont je présente le projet; les avantages qui en résulteront seront immenses; ils seront même inappréciables pour les pays, au milieu desquels il devra passer; mais avant de les dévélopper, avant d'établir les bases de ce projet, il me paraît convenable d'esquisser aussi succinctement que possible, un tableau de l'état actuel des départemens que ce canal enrichirait en les parcourant.

1°. DÉPARTEMENT DES LANDES.

Situé au S. O. de la France par rapport à Paris, il est borné au Midi par celui des Basses-Pyrénées, à l'Est par ceux du Gers et de Lot-et-Garonne, au Nord par celui de la Gironde et à l'Ouest par la mer.

Sa plus grande longueur est de 11 myriamètres de l'Ouest à l'Est, et sa largeur moyenne, du N. au S., de 9 myriamètres; on évalue sa population à 200,908 individus, et sa surface à 900,534 hectares. Mont-de-Marsan en est le chef-lieu; cette commune est par 43° 54' de latitude et 2° 50' de longitude occidentale.

Tout le territoire de ce département n'est pas également productif. Le pays connu ci-devant sous la dénomination de Chalosse, et qui comporte à-peu-près le tiers de la surface totale, est infiniment plus peuplé, plus fertile, et plus cultivé que le reste, où l'on ne trouve que des Landes, des bruyères, et des pignadas, qui sont les meilleures propriétés et la principale fortune de ceux qui y habitent.

L'observateur qui examine ces landes immenses ne découvre au premier aspect qu'une vaste plaine qui ne paroît limitée que par l'horison, excepté d'un côté, dans le voisinage de la mer, bordée dans cette partie par des forêts. Cet espace est cependant divisé par plusieurs vallons ou ravins, que les eaux se sont creusés pour se rendre dans l'Adour, la Garonne, ou le bassin d'Arcachon, et on remarque qu'en suivant la direction de l'ancienne route de Bordeaux à Bayonne, on se trouve sur une espèce de crête, d'où partent les divers ruisseaux qui arrosent ce pays.

Elle paraît s'abaisser vers le Nord pour former le vallon qui reçoit les eaux de la Leyre, mais en remontant vers la source de cette rivière on arrive à un plateau, qui, à-peu-près de niveau avec la précédente élévation, se liant avec elle, et se prolongeant à l'Est, forme, depuis Lahary (ancienne route) la séparation entre les courans d'eaux, au Nord et au Sud, dont je viens de parler.

Les habitations y sont très-éparses, et les communes, formées par leur réunion, ne présentent pas une population florissante, ni sous le rapport de sa masse, ni sous celui de la constitution des individus qui la composent. Une stature assez petite en général, une complexion débile, malgré l'habitude du travail, un teint have et souvent plombé, des maux de tête habituels, des fièvres opiniâtres devenues endèmiques, tout atteste l'influence destructive d'une atmosphère imprégnée de miasmes et d'exhalaisons putrides.

La cause du mal est d'abord dans les inondations que cause ordinairement l'affluence des eaux pluviales sur divers points, et dans la stagnation excessivement multipliée d'une partie de ces eaux; elle est dans les vastes et trop nombreux étangs qu'alimentent les courans qui descendent du Versant à l'Ouest de l'ancienne route de Bordeaux à Bayonne; elle est encore dans l'étonnante mobilité des dunes de sable dont la côte est hérissée, comme si la nature s'étoit précisément appliquée à accabler ce coin de terre de tous les fléaux à la fois. Ces sables, que le moindre vent déplace et transporte, dont la marche, quoique lente, n'est pas moins sensible, s'étendant aujourd'hui à 5 kilomètres du rivage, sont parvenus jusques à ses étangs, où, s'éboulant sans cesse, ils en ressèrent progressivement les lits, élévent le niveau de leurs eaux qu'ils font refluer dans l'intérieur et occasionnent, par-là, d'autres inondations encore plus désastreuses que les premières. Ainsi ont disparu et disparaissent chaque jour des champs où naguère le soc traçait des sillons; ainsi languit et périt l'agriculture; ainsi se dépeuple une contrée qui serait des plus productives de ce département.

Si, cependant, on doit en croire la tradition, elle n'a pas toujours été dans une position aussi précaire. Aux tems où la Guienne appartenoit aux Anglais, on comptoit, sur cette étendue de côte, quatre ports de mer, dont un seul, celui de la Teste, subsiste en ce moment, mais ne fait point partie du département (1). Les trois autres, qui étaient Cap-Breton,

---

(1) Le port de la Teste est au Sud du bassin d'Arcachon avec lequel il communique par le chenal de la Teste. Il est difficile de se former une idée de ce superbe bassin, qui présente, à haute mer, une surface de plus de 12000 hectares. Quatorze communes qui ne vivent la plus part que de la pêche qui s'y fait, le bordent du Nord au Sud. A ce dernier aspect et aux pieds d'une petite Forêt, existe un mouillage pour les vaisseaux du premier rang. Le chenal qui y porte les eaux peut avoir 15 kilomètres de longeur jusqu'à la Barre qui le traverse à son embouchure, où l'on trouve de 6 à 7 mètres d'eau à basse mer.

le vieux Boucaut (2), et Mémisan (3), sont totalement détruits. Les sables ont comblés leurs lits, et là où jadis fleurissait le commerce, où était une population nombreuse et généralement aisée, on ne retrouve que des ruines, quelques masures inhabitables et presqu'inhabitées.

Malgré toutes ces calamités, ce pays mérite néanmoins de fixer les regards d'un gouvernement qui sait calculer ses intérêts. Les productions de son sol sont très-variées, et font l'objet d'un commerce considérable. Les plus importantes, sous les rapports généraux et particuliers, sont les résines, les brais gras et secs, les goudrons, les essences et huiles de thérébentine ; en seconde classe sont les bois de construction pour maison, les laines, les cires et les miels, les lins

---

(2) Le vieux Boucaut était l'embouchure de l'Adour dans le siècle dernier ; alors le Cap-Breton était très-important. Depuis l'ouverture du nouveau lit de cette rivière, cette commune a tout perdu ; en effet, c'est de-là que les plus anciennes maisons de commerce de Bayonne tirent leur origine.

(3) On voit encore à Mémisan une grande partie d'une vaste église dont tout atteste l'antique splendeur. Sa construction est en brique d'une dimension extraordinaire, et on trouve même dans son intérieur quelques vestiges d'une peinture à fresque. Elle appartenait aux Bénédictins, qui avaient, à ce qu'il paraît, dans cette contrée, quelques droits de franchise et de jurisdiction, dont l'étendue était limitée par des pyramides, dont deux subsistent toujours près le débouquement de l'étang de Mémisan. Or, si ce pays n'avait jamais été plus fertile que dans ce moment, si des avantages réels n'y avaient pas attiré une population nombreuse, si le commerce ne l'eut vivifié ; croit-on que les disciples du Mont-Cassin étaient gens à aller habiter un désert, où ils n'auraient eu ni dîmes à percevoir ni droits honorifiques à exercer.

et chanvres, le fer, le bétail gros et menu, etc. Il ne manque à ce département que d'être desséché, et de bonnes communications dans l'intérieur, afin de faciliter le transport et le débouché de ses denrées; par ces deux conditions, dont l'une est le résultat et la conséquence naturelle de l'autre, mais non autrement, il s'élévera bientôt au dégré de prospérité que sa position lui assigne et à laquelle il ne peut ni ne doit jamais prétendre dans son état actuel.

2.° DÉPARTEMENT DE LA GIRONDE.

Placé au Sud du précédent, il est limité à l'Est par ceux de la Dordogne et du Lot et Garonne, au Nord par celui de la Charente, et à l'Ouest par l'Océan. Sa plus grande longueur est de 15 myriamètres du S. S. E. au N. N. O., sa largeur, 12 myriamètres de l'E. à l'O.; sa population 499,569 individus, et sa surface peut être évaluée à 1,082,552 hectares : Bordeaux en est le chef-lieu; il se trouve par 44° 50' 14" de latitude, et 2° 54' 14" de longitude occidentale.

Le territoire de ce département n'offre pas le même dégré de culture dans toutes ses parties; celle qui est circonscrite d'une part par les landes, dont je viens de parler, et des autres parts par la mer, la rive gauche du Ciron, les communes de Villandraut, Cestas, Illac, Martignas, Saint-Médard en jalle, le Taillant, et Castelnau; enfin par le grand chemin qui conduit à la pointe de Grave, présente, comme dans le dernier département, un pays couvert de bruyères, de pignadas, et de sables, duquel on peut porter l'étendue à 450,000 hectares

Parvenu sur la rive droite de la Leyre, on retrouve la prolongation de la même crête ci-dessus décrite; sa direction, sans être déterminée d'une manière aussi précise que l'autre, se porte vers le Nord, jusques dans les environs de la commune de Vendays, où elle s'abaisse encore, afin de laisser passage aux eaux superflues de l'étang de Hourtins et de celles formées au pied des sables, pour s'écouler sous le pont du Gua, et de-là dans les chenaux de la commune de Vivien.

Cette crête forme encore la division des eaux de la haute-lande, dont partie se dirige à l'Est dans la rivière de la Gironde ou dans les ruisseaux adjacens, et l'autre à l'Ouest dans les étangs qui bordent le pied des dunes, depuis Hourtins jusqu'au bassin d'Arcachon.

Si la population de ce département, dans sa partie la mieux cultivée, est assez proportionnée à son étendue, il n'en est pas de même dans ses landes. Les mêmes causes qui s'opposent, dans le département de ce nom, à l'accroissement de la population, existent ici et avec plus de force : la facilité d'acquérir des propriétés plus productives, l'éloignement de la société, un besoin, pour ainsi dire, préssant de jouir des commodités de la vie, l'habitude du luxe et des plaisirs, tout rend l'habitant de la Gironde plus insensible à l'amélioration de cette portion de son territoire, et indifférent sur les moyens d'y parvenir; aussi, proportion gardée, les communes sont en bien plus petit nombre dans les landes du département de la Gironde que dans celles du précédent; aussi les sables par leur mobilité, les étangs par la fréquence de leurs débordemens et les inondations qui en sont la suite, envahissent successivement diverses propriétés auxquelles on attache peu d'importance, et si quelques cultivateurs font retentir des plaintes sur le malheur de ces fleaux destructeurs; que peuvent ces réclamations isolées (1)?

---

(4) Heureusement un arrêté du gouvernement vient d'ordonner

Je ne parlerai pas des productions, de l'industrie, ni du commerce de ce département; il suffit de nommer Bordeaux, dont on connoît l'activité commerciale et les ressourses.

3.° DÉPARTEMENT DE LA CHARENTE INFÉRIEURE.

Ce département, limité au Sud par le précédent, est borné à l'Est par ceux de la Dordogne et de la Charente, au Nord par celui des Deux-Sèvres, et à l'Ouest, en partie par la mer, en partie par le département de la Vendée. Sa plus grande longueur du N. O. au S. E. est de 13 myriamètres, sa largeur moyenne du N. E. au S. O. 7 myriamètres; sa population peut être évaluée à 387,229 individus, et sa surface à 716,814 hectares. Saintes en est le chef lieu, sa latitude est par 45° 44' 46", sa longitude à l'Ouest 2° 59'.

La rivière qui lui donne son nom, le traverse du S. E.

---

l'ensemencement général des dunes de sables qui bordent la côte, depuis l'embouchure de la Gironde jusqu'à celle de l'Adour, et l'on doit espérer de voir accueillir les projets qui pourront lui être présentés sur l'amélioration de ce pays; de légers encouragemens exciteront et faciliteront des défrichements. Des champs aujourd'hui stériles seront bientôt rendus à l'agriculture; il s'élèvera de toutes parts de nouvelles habitations, qui, sans offrir à leurs propriétaires un sol aussi fortuné que celui des riches cultivateurs du coteau connu, ci-devant, sous le nom de Médoc, leur procureront, sous un toît paisible, le charme qui naît de l'honnête aisance, et les douceurs d'une vie tranquille exempte de soucis, suite ordinaire du luxe, des passions et des vices, presqu'inséparables de l'homme qui vit dans une réunion plus nombreuse.

au N. O., et lui facilite tous les transports, non-seulement des denrées et productions de son sol, mais encore de celles des départemens voisins. La fertilité de son terriroire, le peu de terres incultes qu'il renferme, sa population nombreuse, sa proximité de plusieurs grandes villes, des ports de Rochefort, de la Rochelle, et de Marans, des îles de Rhé et d'Oleron, tout se réunit pour contribuer à sa prospérité, et il parviendrait au plus haut dégré de splendeur en rendant navigable la rivière de la Boutonne, la plus considérable après la Charente, ainsi que quelques autres qui arrosent ce pays (5).

Ses productions consistent en laines, bled, sel, vins et eaux-de-vie. Son industrie en fabrique d'étamine, moleton, cadis, bazin, bonneterie, cuirs, porcelaine, faïence, et creusets de gré pour la fonte des métaux.

La réputation des eaux-de-vie de Cognac dispense de faire ici leur éloge. Le superflu des grains sert à alimenter le département de la Gironde, et les laines se consomment partie dans le pays, partie dans les pays environnans.

La quantité de sels que l'on recueille annuellement sur les marais Salans de Marennes, la Tremblade, Brouage, et autres qui bordent la côte, fournit elle seule à un commerce aussi important que considérable.

4.° DÉPARTEMENT DES DEUX SÈVRES.

Il est borné au Sud par le précédent et par celui de la

---

(5) Une autre rivière de ce département, très-intéressante pour le commerce, est celle de la Seudre, malgré que son cours ne soit que de 55 kilomètres, dont 19 seulement sont navigables, à partir depuis Saujon, elle contribue à faciliter l'extraction des sels qui se recueillent dans les marais situés sur ses deux rives.

Charente, à l'Ouest par celui de la Vendée. Sa plus grande longueur est d'environ 15 myriamètres du Nord au midi, et sa largeur moyenne de 5 myriamètres de l'Est à l'Ouest. La superficie de son territoire est de 615,750 hectares, environ; sa population est portée, d'après un dernier recensement, à 241,916 habitans, Niort en est le chef-lieu, il se trouve par 46°, 20', 8", de latitude, et 2°, 47' 29", de longitude occidentale.

Ce département, sans être bien sensiblement élevé, est cependant traversé du S. E. au N. O. par une chaîne de collines couverte de forêts, et qui contribuent singulièrement à changer la température des deux versants de ces collines. Celle du versant au Sud est beaucoup plus chaude que celle du revers opposé, connu sous le nom de Gatine; c'est de cette chaîne de collines que partent les divers ruisseaux qui se jettent, au Midi, dans la Sèvre Niortaise, et au Nord, dans la Loire. L'air y est assez sain, en général, sauf dans les communes situées dans les marais de la partie du S. O.

La rivière la plus considérable est connue sous le nom de Sèvre Niortaise; sa source est dans le département même; elle commence à être navigable à Niort. L'autre rivière du même nom, que l'on distingue par l'épithète de *Nantaise*, courant au N. N. O., va se perdre dans la Loire, près de Pont-Rousseau, après avoir traversé le département sur une longueur de 20,500 metres, jusques vers St-Amand, où elle entre dans celui de la Vendée, pour se porter dans celui de la Loire-Inférieure.

Une troisième rivière, assez importante pour ce pays, est celle du Thoüet, dont le cours à près de 90,000 mètres de longueur, depuis sa source jusques à son embouchure

dans la Loire. Elle n'est navigable que dans le département de la Loire, mais malgré l'escarpement de ses bords, et la nature de son lit, qui est en granit, le nombre des ruisseaux qui l'alimentent, soit sur sa droite, soit sur sa gauche, rend très-possible la solution du problême qui auroit pour objet la navigation du Thoüet dans le département des deux Sèvres.

Ses productions consistent en grains et eaux-de-vie; en bœufs et moutons, mules, etc. et en laines; son industrie, en fabrique d'étoffes communes, mais qui suffisent aux besoins du pays; en merrains et en cercles, en bonneterie et chamoiserie, ce dernier article sur-tout est très-intéressant.

Malgré tant de ressources et l'avantage de sa position, ce département est au-dessous du degré de prospérité auquel il pourroit prétendre. Privé de ports de mer, il lui manque encore des communications sûres et faciles dans l'intérieur, et sans cela, il ne peut espèrer de voir améliorer sa position. Le tableau des routes, les plus utiles à ouvrir dans ce pays, vient d'être présenté dans un excellent mémoire (*sur la statistique du département des Deux Sèvres*) que le cit. Dupin, son préfet, a adressé au gouvernement. Les motifs à la faveur desquels il réclame la priorité pour l'exécution des principaux chemins, sont bien propres à obtenir les sacrifices nécessaires, puisqu'il s'agit d'ouvrir des communications dans un pays où la malheureuse guerre de la Vendée a pris naissance, de familiariser les habitans de cette contrée avec d'autres hommes, de les civiliser, d'adoucir enfin leurs mœurs agrestes, mais purs, en les rapprochant davantage de la société (6).

---

(6) En parlant des habitans du Bocage, le Préfet des Deux Sèvres

5.° DÉPARTEMENT DE MAYNE ET LOIRE.

Le précédent le borne au midi, celui de la Vendée au S. O., celui de la Loire-Inférieure à l'Ouest, ceux de la Mayenne et de la Sarthe au Nord, et à l'Est celui d'Indre et Loire. Sa plus grande longueur est de 11 myriamètres du S. E. au N. O. et sa largeur moyenne de 8 myr. du N. au S. On évalue la surface de son territoire à 718,807 hectares, et sa population à 456,500 individus; le chef-lieu est Angers, situé par 47°, 28', 9" de latitude, et 2°, 53', 15" de longitude occidentale.

La Loire le traverse de l'Est à l'Ouest; les autres rivières qui le parcourent et qui viennent se perdre dans celle-ci sont le Thoüet, dans sa partie gauche, et dans la droite la Mayenne,

---

dit dans son mémoire : « Il n'y a dans ces contrées aucune ville qui » répande la civilisation, aucune route qui y conduise les étrangers, » qui favorise la circulation, qui permette aux habitans de se fré- » quenter et aux passions humaines de s'adoucir et de s'user par » un frottement journalier ».

Cet état de choses est sans doute très-affligeant pour l'administrateur qui veut opérer le bien; mais ce même peuple est bon, hospitalier, juste, et fidèle jusqu'à l'inviolabilité de ses engagemens. Eh! qui peut savoir si ces mœurs antiques, respectables par leur pureté, malgré leur rudesse, ne s'altèreront pas au milieu de cette civilisation! Hélas! nous ne l'éprouvons que trop tous les jours; les moyens qu'il faut employer dans la société afin de réussir ne permettent pas toujours de conserver la même pureté dans les mœurs; on devient doux, liant par besoin, humain par affectation, souple, flateur, on s'avilit enfin pour un peu d'or, et on oublie, au milieu de la corruption générale, les leçons qu'un père vertueux vous donna dans son humble chaumière.

grossie par la Sarthe, le Loire, et l'Oudon, sans compter les nombreux ruisseaux qui s'y rendent de divers points.

La position de ce département, limitrophe de celui de la Loire-Inférieure, doit favoriser singulièrement le débouché de ses productions, ainsi que l'extension de son commerce et de son industrie.

Ses productions consistent en vins blancs, eaux-de-vie, graines, chanvres, lin, ardoise, charbon de terre, soie, fèves, haricots, prunes, huile de noix et de chennevis, chevaux, gros et menu bétail; l'industrie en fabrique de toile à voile, mouchoirs sur fil et coton, façon des Indes; indiennes, étamines, bas de fil, taffetas, siamoises; en rafineries de sucre, et en fonte de cuivre de divers genres..... Qu'on ajoute ensuite à tant de ressources celles qui résultent du commerce, on conviendra nécessairement qu'il y a bien peu de choses à desirer pour l'amélioration complette d'une contrée à laquelle la nature paroît avoir prodigué les trésors de sa fécondité.

Telle est la situation, sous le rapport du bien et du mal, des départements au milieu desquels je propose l'exécution d'un canal de navigation; j'en vais, maintenant, tracer la direction, en indiquant les rivières, étangs, ruisseaux, et sources qui devront l'alimenter.

ITINÉRAIRE DU CANAL.

PREMIÈRE SECTION.

De la rivière de l'Adour au bassin d'Arcachon.

Ce canal prendra naissance au lieu appelé le Boucaut neuf, près l'ancien lit de l'Adour, d'où, se dirigeant à travers le territoire des communes d'Ondres, Labenne, Cap-Breton, Seignosse, et vieux Boucaut, il remonterait l'étang de Moissac et le ruisseau qui réunit cet étang à ceux de Messanges et Moliets, puis se rendrait à celui de Léon, au moyen d'une coupure à pratiquer vers la chapelle du Mas, où existe un ruisseau qui, courant au Nord, va se jetter dans ce dernier étang (7).

De ce point, le canal se portera, par les communes de Vielle, St-Giron, et Mixe, arrivera à l'étang de Lit, et de-

(7) L'étang de Moissac porte le nom d'un capitaine dont le vaisseau demeura à sec dans l'ancien lit de l'Adour, lorsqu'on lui creusa celui par où cette rivière se rend maintenant à la mer. Ce capitaine avoit toujours nié la possibilité d'ouvrir un autre embouchure à l'Adour, et son incrédulité lui coûta la perte de son vaisseau. Quant à l'étang de Léon il recouvre de 2 m. une voie romaine que l'on croit être celle qui venoit de Salles, passant par Uza, pour se rendre à Cap-Breton, qui s'appeloit alors *Caput-Bruti.* Si on doit ajouter foi à la chronique, le lit de cet étang seroit supérieur de 8 m. à la basse mer; or, n'ayant que 6 m. de profondeur on pourroit le dessécher. On prétend qu'il en est de même à l'égard de celui de Lit.

là à celui d'Aureillan, par Orvignac, Bias, et le quartier de Petit, où commence un autre ruisseau plus fort que le dernier, qui va se perdre dans le courant, ou Chenal, servant à l'écoulement des eaux de trois étangs dont je vais parler. De celui d'Aureillan, jusqu'à la commune de Caseaux, à 36 kilomètres de distance, en tirant vers le Nord; la nature a tracé la continuation de ce canal; peu de travaux le conduirait ensuite et le rendrait aisément navigable, à travers les étangs de Parentis, Biscarosse, et Sanguinet, desquels la surface et la profondeur sont telles que l'on y ferait presque manœuvrer une flotille.

Si on doit s'en rapporter à d'anciens nivellements faits par le cit. Claveaux, l'étang de Sanguinet est supérieur de $20^{m}80$ au bassin d'Arcachon; et de $3^{m}57$ à celui de Biscarosse, qui, par une pente oposée à la première, va se rendre, avec celui de Parentis, dans l'étang d'Aureillan et de-là à la mer : ainsi l'étang de Sanguinet seul, par son volume et sa supériorité, entretiendrait un canal de navigation depuis Aureillan jusqu'à la Teste, dont il est distant d'environ 15300 mètres.

CANAUX SECONDAIRES,

A ouvrir dans cette contrée.

Le premier aurait pour but de réunir l'étang de Léon avec la Douze, près la commune de Tartas, à l'aide des ruisseaux la Palus et le Duzou, dont le premier remonte depuis cet étang jusqu'à Talet, dans les landes, et l'autre prenant sa source, à peu de distance au-dessus de la commune de la Luc, à l'Ouest, va se perdre au port d'Audon, dans la rivière de la Douze.

Le second faciliterait la communication de cette même rivière, d'abord par le ruisseau le Bez qui y débouche, vis-à-vis la commune Sainte-Croix, et qui a sa source dans la lande, à l'Est du grand chemin de poste de Bordeaux à Bayonne, au-dessus du village de Garosse; ensuite par l'un des ruisseaux qui alimentent l'étang de St-Julien, après avoir couru à l'Ouest depuis l'ancienne poste de Lahary, à deux kilomètres de la source du Bez.

Un troisième canal secondaire se formerait, en grande partie, des ruisseaux de Parentis et de Pissos; le premier venant du revers O. du grand chemin, près Lipoustey, se porte à travers Ichoux et Parentis, au grand étang de ce nom; l'autre, en s'écoulant vers l'Est, par une pente opposée, va se perdre dans la rivière de la Leyre, un peu au-dessus de Pissos.

Enfin, on pourrait en obtenir un quatrième susceptible de navigation, entre le Mont-de-Marsan et le bassin d'Arcachon. Ce canal serait alimenté, en premier lieu, par la rivière de la Leyre, dont on vient de parler, qui se rend dans ce bassin au-dessous du passage de Lamothe (route de Bordeaux à la Teste) et qui remonte la lande, l'espace de 40 kilomètres, jusques vers la commune de Lutglon, après avoir arrosé celles de Mios, Salles, Beliet, Belin, Biganon, Moustey, Richet, Pissos, Commensac, et Sabres; en second lieu depuis Lutglon en tirant vers le S. E., par d'autres sources très-abondantes, qui, se portant au Sud, traversent Carein, Geloux, St-Martin, et Campet, parcourent une étendue d'environ 20 kilomètres, et vont grossir la Douze, à 8 kilomètres au-dessous du Mont-de-Marsan (8).

---

(8) Ces divers canaux (au moins les parties qui réuniront les divers ruisseaux) ont besoin d'être entretenus par des bassins ou

Résumé du développement des canaux de cette première section.

Longueur totale du canal principal.		140,000 mètres.
Celle du premier canal secondaire .	42,000m	230,000
Celle du second.	54,000	
Celle du troisième.	30,000	
Celle du quatrième.	104,000	
Pour les cinq ensembles.		370,000 mètres.

DEUXIÈME SECTION.

Du bassin d'Arcachon à Bordeaux.

Le canal qui réunirait ces deux points peut s'exécuter de trois manières différentes. La première, conforme à un projet

---

réservoirs dont la position et les dimensions ne peuvent être déterminées que d'après un travail fait sur les lieux, mais on peut sans crainte en certifier la réussite, d'après la structure de la lande, (s'il est permis de s'expliquer ainsi) et la grande quantité d'eau qui y séjourne, même dans les parties les plus élevées. Au surplus, comme il est essentiel de connoître avant tout les motifs qui nécessitent la formation de ces canaux; j'entrerai, ci-après, dans quelques détails à cet égard.

Je ne dois pas terminer cette note sans parler de quelques projets faits antérieurement sur des canaux à ouvrir dans la lande. Le premier, par le cit. Claveaux, devoit suivre les étangs de Sanguinet, etc., comme ci-dessus, mais jusqu'à l'étang de Léon, seulement, d'où il remontoit vers le S. E. jusqu'au-delà de Herm, pour gagner les ruisseaux qui, de la lande de St-Paul, s'écoulent dans l'Adour au-dessous de Dax. La seconde, du cit. Desbiey, partant de Saubusse, également au-dessous de cette dernière ville, suivait l'ancienne voie romaine jusqu'à Uza, et de-là à Parentis par Salles. Ilauroit redu cit. Claveaux, consiste à joindre la rivière de la Leyre avec celle de la Garonne, au moyen du grand ruisseau de Beliet, qui se jette dans la première. Ce ruisseau, descendant des landes, près St-Magne, et courant à l'Ouest, est formé d'une partie des eaux de l'étang de le Hucau, et de celui de Louarcey, qui donnent, en même tems, naissance à la petite rivière de Gamor, qui, se portant au N. E., va se perdre dans la Garonne, près Bautiran. Le point de partage du canal, d'après ce projet, se trouve supérieur à la Leyre, au point de confluent du grand ruisseau de Beliet, de $54^{m}04$, et à la Garonne de $62^{m}87$ (9).

Le second moyen, présenté, en partie par le cit. Che-

---

monté le ruisseau formé de la surabondance des eaux d'un étang de la haute-lande de St-Paul, pour venir gagner Castets, et réunissant les eaux, tant du ruisseau de ce nom que de ceux du Vignac, de Mezos, Pontenx et Parentis, aurait opéré facilement sa jonction avec la rivière de la Leyre, et, par elle, avec le bassin d'Arcachon. La direction de ce canal se trouvoit déterminée à travers le centre des grandes landes.

Un troisième avoit pour but de réunir le Ciron avec l'Estampon, et conséquemment l'Adour avec la Garonne. Enfin, un quatrième étoit de joindre ces deux rivières, par le moyen de l'Estampon et de la Baïse. Ces deux derniers projets doivent être rangés dans la classe des canaux secondaires, mais ils n'en vivifieraient pas moins le pays à travers duquel l'exécution en est proposée.

(9) Ce projet entraîne avec lui la suppression de 16 moulins, la construction de 45 écluses, et la nécessité de rendre navigable la rivière de la Leyre, depuis Beliet jusqu'à Comprian, sur une longueur de 25 kilomètres. Il a de plus contre lui l'incertitude de trouver à Bautiran la marée favorable pour Bordeaux, et un circuit de près de 90 kilomètres.

valier, de Bordeaux, est d'employer le ruisseau Lacanau, qui se jette dans la Leyre, au-dessus du passage de Lamothe; le remonter jusqu'à sa source, située vers l'ancienne poste du Putz de la Gubatte (où l'auteur se proposait, sans doute, de se servir des lagunes environnantes), et, de-là venir joindre les sources de l'eau bourde, qui descend dans la Garonne par deux branches, l'une au-dessous du fort Ste-Croix, à Bordeaux, l'autre, un peu plus haut, au moulin de Franc, commune de Begles (10).

Le troisième se trouve dans le projet que mon père a présenté, en 1792, pour ouvrir, dans l'arrondissement alors désigné sous le nom de district de Lesparre, un canal de navigation dont le résultat était l'établissement d'une communication directe, par eau, depuis le bassin d'Arcachon jusqu'à Bordeaux. L'étang de Hourtins communiquant avec celui de Lacanau, et ce dernier avec les ruisseaux du Porge, dont les eaux se rendent au bassin d'Arcachon, le canal devait partir de ce premier point, traverser la lande, passer à Lesparre, et de-là par les marais de ce nom, puis ceux du port d'Hollande, venir joindre l'écluse de Goulée, par laquelle les eaux du pays s'écoulent dans la Gironde (11).

---

(10) Le chemin se trouve bien moins long dans ce second projet, puisqu'il est réduit à 51 kilomètres, et que son terme est au port même de Bordeaux, son exécution serait singulièrement favorable tant pour la Teste que pour Bordeaux, mais les eaux des deux ruisseaux proposés seront-elles suffisantes, et sera-t-il possible de remplacer par quelqu'autre courant, les pertes de l'évaporation, celles des deux écluses d'entrée et de sortie, des filtrations, c'est ce qu'on ne peut déterminer sans un travail sur les lieux.

(11) L'étendue de ce troisième canal est bien plus considérable

TROISIÈME SECTION.

De la Gironde à la Charente.

Du port de Bordeaux les barques se rendraient à l'entrée du chenal par lequel les eaux du marais de Blaye s'écoulent à la mer. Ce marais reçoit dans son sein, au-dessous de la commune de Braud, un fort rnisseau, qui descend de Mirambeau, dans la direction du Nord au Sud, traversant les communes d'Étauliers, St-Aubin, St-Caprais, et

---

que celle des deux précédens, mais aussi quel surcroit d'avantages ne présente-t-il pas? Un pays inculte vivifié; des marais précieux desséchés; un débouché facile pour les vins du bas-Médoc, devenus fort chers à raison des transports; tels seraient ses résultats. A la vérité, la lande qu'il faudrait traverser est un peu élevée, mais d'après un nivellement que nous avons fait et vérifié soigneusement, mon père et moi, à l'époque que j'ai citée, il se trouve que l'étang de Hourtins est supérieur à l'écluse de Goulée de $13^{m}\ 376^{mi}$, inférieur de $5^{m}\ 277^{mi}$, au point de la lande appelé Vignole, qui est éloigné de l'étang de 7000^{m}, inférieur de $3^{m}\ 126^{mi}$ à la commune de Naujac, distante de l'étang de $11{,}000^{m}$, et enfin inférieure de $6^{m}\ 077^{mi}$ au lieu nommé la Bejoye, qui est à $15{,}000^{m}$ du même étang de Hourtins. Ainsi donc puisque c'est de Vignole que les eaux partent pour se rendre dans l'étang, et que c'est de l'éminence du coteau où se trouve la Bejoye que s'écoulent celles qui se portent dans les marais de Lesparre, il s'en suit que les environs de Naujac doivent nécessairement former un bassin qui reçoit les eaux des deux revers opposés des hauteurs précédentes; ainsi ce pays, un peu étudié, ne présenterait pas autant de travail que les précédens projets, pour la jonction de la Garonne avec le bassin d'Arcachon, et en se servant du ruisseau de Trempian, situé vers l'Est de Naujac, il n'y aurait que 4 moulins à détruire et 7 écluses à former pour l'exécution.

Soubran, à l'Est de la grande route de la Rochelle à Blaye. Au revers du plateau sur lequel Soubran est situé, on trouve un autre ruisseau, qui, courant au Nord, va se jetter dans la Seugne, un peu au-dessus de Mosnac. Cette rivière, déja grossie par divers ruisseaux, avant d'arriver à ce point, acquérant une certaine importance, par la réunion du Tarnac, dont je viens de parler, se porte, par les communes de Nieuille et Guitinières, de Fleac, Pons, St-Martin, Montignac, Colombier, et Courcoury, près de laquelle elle entre dans la Charente, par trois embouchures. C'est donc au moyen de ces deux ruisseaux que je propose la jonction de la Gironde à la Charente, ce qui présente seulement un trajet d'environ 75,000 mètres.

QUATRIÈME SECTION.

De la Charente à la Sèvre Niortaise.

La Charente formerait une partie du canal de cette section, en le descendant jusqu'à son confluent avec la Boutonne. Remontant ensuite cette dernière jusqu'à Chizé, et parvenu à ce point, il faudrait alors contourner ou traverser, peut-être à ciel ouvert, le tertre au Nord de Chizé, afin d'y construire un canal, par lequel, dérivant une partie des eaux de la Boutonne, on irait joindre le ruisseau le Mignon par un vallon qui se prolonge à l'O. N. O. Ce ruisseau se rend vis-à-vis Damp-Vix, dans la Sèvre Niortaise (12).

---

(12) La Sèvre est navigable non-seulement depuis son embouchure dans la mer jusqu'au confluent du Mignon, mais encore depuis ce dernier point jusqu'à Niort. On pourrait aussi arriver à Niort

La longueur du canal, dans cette section, depuis l'embouchure de la Boutonne dans la Charente, jusqu'à l'embouchure du Mignon à la Sèvre, est de 116 kilomètres environ. D'après la direction précédente elle serait de 186 au moins, en prenant la route indiquée dans la note.

CINQUIÈME SECTION.

De la Sèvre à la Loire.

La direction de cette chaîne de coteaux, dont j'ai parlé à l'article *Département des Deux-Sèvres*, et qui le divise en deux bassins, l'un au S. O. et l'autre au N. O., ne contribue pas à multiplier les moyens d'exécution du canal jusqu'à la Loire. Malgré la possiblité de pénétrer au Nord du département des Deux-Sèvres, soit par l'Autise, soit par la Vendée, en remontant par l'une ou par l'autre de ces rivières au bassin où sont leurs sources, et celle du Thouet, dont le cours se dirige à l'opposé des deux précédentes, je proposerai, cependant, de préférer la jonction de la Sèvre au Thouet, par la Voune et les ruisseaux adjacens. Cette

---

par une autre route, qui serait de remonter la Boutonne au-dessus de Chizé, pour, de-là, gagner les sources de la Belle jusques vers Celle. De ce point, ouvrant une tranchée dans la direction du chemin de cette dernière commune à Vitré, pour réunir la Belle au Lambon, on descendrait par ce ruisseau à la Sèvre, dans laquelle il débouche, à une petite distance Nord, au-dessus de Niort. Ce second parti présente une plus grande étendue de pays à vivifier, et l'avantage de passer par Celle et Niort, mais il y aurait bien des usines à sacrifier. C'est, après tout, un examen des lieux et la balance des avantages qui décideront la question.

jonction peut s'opérer principalement au moyen d'un ruisseau qui va se jetter dans la Sèvre, après avoir traversé les communes, de St-Lin, Clavé, Saivre, et St-Carlais.

Il faudrait ouvrir, depuis Clavé, un canal qui, traversant le chemin de St-Mexant à Parthenay, viendrait se réunir vers Chantecorps, à une des branches de la Voune, que l'on descendrait jusqu'à Menigoutté, pour remonter, de ce point, jusques au tertre de la chapelle Bertrand, par l'autre branche de cette même rivière, qui longe à l'Est la forêt de Beaulieu. De ce tertre, à l'aide d'une tranchée dirigée à l'Ouest, réunissant les eaux de la Voune avec celles d'un ruisseau qui passe près de Pompère, on se rendrait avec lui dans le Thouet, où il va se perdre, à 4 kilom. au-dessus de Parthenay (13).

De-là on suivrait le Thouet, qui, après avoir reçu plusieurs ruisseaux assez considérables, va grossir la Loire, auprès de St-Hilaire, à 3 kilomètres au-dessous de Saumur.

La lougueur totale de cette partie serait d'environ 140,000$^{m.}$, dont les $5/7^{mes}$ exigent des travaux pour devenir navigables.

Si des obstacles, que je crois toutefois faciles à vaincre, s'opposaient à l'adoption de ce moyen, on pourrait employer

---

(13) Si je dois m'en rapporter à des cartes que j'ai sous les yeux, et que je crois assez sûres, il paraît qu'il existe, entre la chapelle Bertrand, St-Martin de Fouilloux, et Pompère, une quantité de petits lacs, d'où partent divers ruisseaux, qui se dirigent les uns au Sud, dans la Voune; celui dont j'ai parlé, qui passe près Pompère, dans le Thoüet, et l'Auzance, courant à l'Est, dans la rivière du Clain. Quoique ces divers lacs ne soient probablement pas au même niveau, cependant, en étudiant leurs hauteurs respectives, on sera bientôt fixé sur le choix des moyens pour pénétrer au Nord du département des Deux-Sèvres, et gagner la Loire.

la réunion de la Sèvre avec la Voune, dont la possibilité a été reconnue. Cette dernière rivière se porte dans celle du Clain, et celle-ci, après avoir arrosé Poitiers, (département de la Vienne) se rend dans la rivière de ce nom, à l'E. de la grande route de Paris à Bordeaux, au-dessous de la commune de Cénon. De-là, après avoir reçu les tributs de divers ruisseaux, et grossie sur-tout par la Creuse, sur les confins du département que je viens de nommer, la Vienne traverse celui d'Indre et Loire, et se jette près Candès, dans la Loire (14).

(14) Cette dernière idée n'est pas de moi, et je la restitue avec franchise à qui elle appartient; je l'ai puisée dans le Mémoire du cit. Dupin, Préfet du département des Deux-Sèvres, sur la statistique de ce département, duquel il a bien voulu me faire passer un exemplaire. Je conviens aussi que ce Mémoire n'a pas peu contribué à me déterminer sur le parti que j'avais à prendre pour rejoindre la Loire. Sans les renseignements que j'y ai puisé, sur la situation, la structure, pour ainsi dire, de cette contrée, mon travail eût éprouvé d'autant plus de retard qu'il me manquait une carte de cette partie, qu'il m'a été impossible de me procurer.

Quant au mérite de l'idée, malgré qu'elle tendrait à vivifier davantage un département assez intéressant, il n'y aurait peut-être pas beaucoup à gagner en prenant ce parti; mais il est possible de concilier les opérations. La Charente arosant, comme on peut le voir, l'extrémité S. du département de la Vienne, où elle traverse, les cantons de Civray et de Charroux, il y a toutes probabilités qu'un nivellement du terrein compris entre cette dernière commune et celle d'Availle, démontrera qu'à la faveur des étangs, d'où sortent le Pairou, le Clain, le Prehobe, et autres courans qui se jettent soit dans la Charente par Charroux, soit dans la Vienne par Availle, on pourrait parvenir à la réunion de ces deux principales rivières, et à faciliter leur communication avec les départemens adjacens.

AVANTAGES

Qui résulteraient de l'exécution de ce canal.

L'itinéraire, que je viens d'établir, indique les départemens que ce canal traverserait, dans la direction, à-peu-près, du Nord au Sud; j'ai indiqué aussi les rivières, ruisseaux, ou étangs nécessaires à sa formation. Si on se rappelle maintenant des diverses productions, de l'industrie et du commerce de ces contrées, on demeurera convaincu que cette cause seule suffirait pour activer la navigation du canal sur leur territoire; mais ce n'est pas tout, aboutissant à la Gironde, il communique conséquemment avec celui du Languedoc, et quoiqu'il se termine à la vérité, à la Loire, il peut néanmoins communiquer aussi avec le canal de Briare, et de-là avec Paris, les rivières et autres canaux qui l'environnent; il peut recevoir les productions et denrées de tous les départements arrosés par la Saône, le Rhône, à l'aide du canal de Charolles, etc. Tel serait l'ensemble de la navigation que ce canal présenterait, étant réuni aux trois autres précédents. Mais il en est d'autres déjà commencés, il en est à créer dont l'exécution ne laissera rien à desirer pour porter le commerce national au plus haut point de prospérité. Parmi ceux qui doivent les premiers fixer l'attention, je placerai la jonction de la Seine à la Saône, par les rivières d'Ouche, de l'Armanson, et de l'Yonne; 2.° Celle de la Seine à la Somme, par la riviére d'Oise. Parmi ceux du second rang, 1.° la jonction de la Somme à l'Escaut; 2°. celle de l'Escaut avec la Meuse et le Rhin. Je proposerai même de joindre la Vilaine à la Mayenne, et la Sarthe, qui se jette dans cette derniere, avec l'Eure, qui va se perdre dans la Seine, à 6 kilomètres environ, au-dessus de Rouen; enfin par le moyen de l'Huisne, la réunion de l'Orne, soit avec la Mayne soit avec la Sarthe (15).

On pourrait aussi et on devrait même ouvrir la communication de la Moselle à la Meuse, de celle-ci à la Marne par le moyen, tant de l'Ornain et de l'Ayr, qui se perd dans l'Aisne, que de diverses autres rivières moins importantes, et il est démontré d'avance que ce canal de communication, qui serait en même tems navigable, imprimerait au commerce, dans quelqu'unes de ces contrées, le degré

---

(15) La Vilaine peut se joindre à la Mayne par le moyen du Don, qui s'y jette, un peu au-dessus de Redon, ainsi que du Verzée, que l'Oudon reçoit dans son cours, avant d'entrer dans la Loire, au-dessous du Lion d'Angers. Les étangs de Pouancé et ceux qui existent à la source du Don fourniraient au bassin qui devrait alimenter les deux branches de ce canal. La réunion de l'Huisne avec l'Eure peut aussi se former, tant par les étangs des Personnes et de la Lande, d'où sort cette dernière rivière, que par un autre ruisseau qui part des environs, en courant à l'O., pour se rendre à Longuy au Perche, où il se perd dans le Jambic, qui se jette ensuite dans l'Huisne, vis-à-vis St-Maurice. On pourrait encore employer les étangs qui sont près de la Loupe, dont les eaux se rendent daus l'Eure, ainsi qu'un ruisseau, à l'Ouest de ces étangs, qui passe à la Magdelaine Bouvet, Coulongues et Condé, pour aller se jetter dans l'Huisne, près de cette dernière commune. Enfin un examen approfondi, du terrein des environs d'Alençon, fournirait, peut-être, les moyens de réunir les principales rivières qui s'écoulent du bassin formé par les hauteurs que l'on trouve dans cette partie, et qui se rendent, soit dans la Seine, ou la Loire, soit dans la Manche, ou l'Océan.

d'activité qui manque à leur prospérité, suppléerait dans d'autres à l'insuffisance des productions du sol, faciliterait l'approvisionnement de celles qui manquent à l'existence de leurs habitans. (*Voir à la fin du Mémoire*).

Par cette vaste exécution, la Manche, l'Océan, les mers du Nord, la Méditerranée, se trouveraient réunis; une navigation intérieure porterait la vie et l'abondance dans les lieux où la stérilité et la misère habitaient jadis. Alors, plus d'inquiétude en tems de guerre : quel que soit le nombre des croiseurs ennemis, le gouvernement français approvisionnera ses ports sans aucuns risques, et avec économie. Bayonne, la Teste, Bordeaux, Rochefort, les Pertuis, la Rochelle, Marans, le Havre, Anvers, Marseille, tous les autres ports du Midi, toutes les villes, enfin, qui sont situées dans la direction du canal, ou avoisinantes, pourront s'envoyer et échanger leurs productions respectives; alors, plus de ces retards dans les envois par mer, à cause des vents plus ou moins contraires; moins de frais d'un côté; plus de bénéfice de l'autre; et, par une conséquence qui se déduit par la concurrence établie sur chaque objet de commerce, une diminution sensible dans le prix de tout ce qui devient nécessaire à la vie et aux besoins des habitans de tous les pays. Le commerce marche sur la terre, mais il vole sur les eaux. (*Mémoire du cit. Desbiey, sur les landes*). Les charrois par terre sont à la fois longs et dispendieux; ils ravissent à l'agriculture du tems, des bras et des engrais qui lui seraient précieux; on doit donc leur préférer, autant qu'il est possible, les transports par eau. Des canaux navigables, en vivifiant un pays, par la facilité des communications avec d'autres contrées, peuvent, quelquefois, contribuer à le déssecher, et le débarasser des eaux qui lui sont nuisibles, le rendre plus habitable, plus salubre, et y fixer une sorte de prospérité, à laquelle il ne pouvait guères prétendre auparavant.

Si dans le nombre des départemens que le canal devra parcourir il en est à qui l'exécution du projet doit être singulièrement avantageuse et favorable, c'est, sans contredit, celui des Landes. Quelque soit le nombre des ruisseaux qui l'arrosent dans tous les sens, il n'en est pas plus fertile ni plus riche, sans qu'on puisse, cependant, accuser la nature de son sol. L'expérience a prouvé que là où l'homme avait défriché et cultivé, en se conformant aux règles et aux usages de l'agriculture, en apportant, sur-tout, la patience nécessaire dans l'attente du résultat de son travail, on y voyait prospérer de belles récoltes, on trouvait des champs, des prairies, dont la fertilité, la fraîcheur formaient le contraste, le plus singulier avec des parties désertes que l'on venait de quitter. Si des tentatives, pour cultiver les landes avec succès, ont été infructueuses; la faute n'en est pas au sol, puisqu'il dépose en d'autres lieux contre ceux qui en ont méconnus les qualités, ou qui ont voulu le forcer à produire avant d'avoir reçu la préparation nécessaire. La faute en est dans l'administration qui veut jouir avant le tems, et je l'ai vérifié, dans plus d'une occasion : *Souvent la cabane du pauvre cultivateur, mais laborieux et intelligent, a prospéré à côté de l'habitation du riche avide, qui a vu ses capitaux s'enfouir sous les débris de la demeure somptueuse qu'il s'était élevée.*

La population de cette contrée, peu fortunée, est, comme je l'ai déja dit, assez faible par elle-même, et ne peut suffire à la culture des terres. La cause réside dans la multiplicité des charrois qu'exige, en tous tems, le transport à Dax, Bordeaux, ou la Teste, des productions du pays, auxquels on ne peut employer que des voitures attelées de deux bœufs, sous la conduite d'un bouvier.

Un recensement fait, il y a quelques années, sur la quantité des charrois que la lande fournissait (*Mémoire du cit. Desbiey, sur les Landes*), a démontré qu'il en venait, années communes, 15,000 à Bordeaux, dont les 2/3 chargés de matières résineuses, et l'autre de charbon; que Dax en recevait, dans le même tems, 9,000, et la Teste 6,000, ce qui suppose une exportation de 1,250,000 myriagrammes pesant. On peut évaluer, sans exagération, trois jours par chaque charrette, tant pour l'allée que pour le retour, ce qui fait, conséquemment, une perte pour l'agriculture, par ce seul article, de 75,000 journées, et en y ajoutant celles des charrois de charbon, paille, et bois, 15,000, au moins, la perte s'éléve, au total, à 90,000 journées, sans compter, après cela, le dépérissement des voitures, leur entretien, leur renouvellement, la perte des bœufs et celle des engrais qui se répandent ça et là, sans aucun fruit, en dehors des communes. Indépendamment du tems ravi à la culture des terres, par ce moyen de transport, il devient encore extrêmement ruineux pour le propriétaire; on estime communément les frais de voiture au tiers de la valeur de la charge, si le prix moyen en est fixé à 60 fr. à raison de 50 myriagrammes pesant, (il est des charrois plus lucratifs, mais que l'on néglige, afin de remplacer les non-valeurs) il en résulte une dépense générale de........... 1,084,800 fr.

SAVOIR:

1.° Pour le transport des matières résineuses, vingt-cinq

mille voitures, à 20 francs l'une........... 500,000 f.

2.° Pour celui des pailles, charbons, etc. treize mille voitures, évaluées à 8 fr. l'une........ 104,000

Ensemble pour ces deux objets seuls...... 604,000 f.

Indépendamment de cette somme majeure, qui est un détriment réel de l'intérêt des propriétés, on doit compter encore

Le prix des charrois de retour, qui peut être calculé à un cinquième.................... 120,800

Plus, celui des cires, des miels, des laines, chanvres, foin, qui peuvent être portés au moins à 60,000

Et, enfin, le roulage de Bordeaux à Bayonne, qui peut occuper environ 1000 charrois dans une année; en supposant que chaque charette charge 150 myr., c'est un objet de 150,000 myr., lesquels, à raison de 2 fr. l'un, coûtent ci...... 300,000

Total général........................ 1,084,800

Ainsi les divers charrois qui se font à travers les landes soit par le commerce intérieur, soit par celui de Bordeaux à Bayonne, et de l'Espagne avec la France, par ces deux places, présentent un déboursé d'un million, au moins, qui frappe, par conséquent, sur le prix des objets transportés, en augmente la valeur, et en affaiblit le produit. Ce serait porter au plus haut la dépense de ces mêmes charrois, par le canal, que de la fixer au quart de celle ci-dessus, en adoptant, toutefois, l'une des deux premières idées, c'est-à-dire la direction, en ligne droite, de Bayonne à Bordeaux; mais si des motifs d'amélioration, qui ont été expliqués, fesaient préférer le circuit proposé par Lesparre, on pourrait évaluer cette dépense à la somme de 300,000 francs par année (16).

C'est donc de l'exécution de ce canal que dépend la prospérité future du département des Landes; c'est alors que les landes, parfaitement desséchées, devenues salubres et habitables, pourront être subdivisées en plusieurs lots, ainsi que le cit. Desbiey l'avait proposé dans son Mémoire. (Chaque portion devait être de 332 hectares, compartis en plusieurs espèces de culture; elle devait border le canal ou les chemins ouverts à travers les landes); c'est alors que ce pays verrait s'élever sur son sol une nouvelle colonie, composée de 2800 habitations, qui, d'après le nombre des bras nécessaires à leur exploitation, porteraient sa population à plus de 80 mille individus.

Mais un objet bien plus important pour la prospérité de ce département, et sur laquelle il doit avoir une influence immédiate, c'est la création d'un port sur l'Océan. On ne peut voir, sans étonnement, que borné par cette mer, sur une étendue de 60 kilomètres, il n'ait d'autre port que celui vis-à-vis Bayonne, sur l'Adour, et le moindre examen doit convaincre de suite de la faveur qui résulterait pour ce pays

(16) Le poisson, les huitres, et autres coquillages, arrivent journellement, de la Teste à Bordeaux, par chevaux ou charrettes; la charge de chaque cheval revient à 15 fr., la charette autant, prix excessif, qui influe singulièrement sur celui de la denrée. Des bateaux légers, construits exprès, pourraient faire ces transports à moins de frais et plus promptement, mais cela dépend de la route du canal depuis la Teste à Bordeaux.

d'un port situé plus au centre ; au moyen de communications bien établies avec l'intérieur, qu'elles facilités, quels avantages pour l'exportation des productions de son sol, et pour l'importation des denrées qui lui sont nécessaires.

Ce projet, dont je présentai l'idée au gouvernement en 1793, n'est point dépourvu de solidité ; il est susceptible d'exécution. J'ai vu les lieux ; j'ai examiné le cours et le volume des eaux, qui se rendent des étangs depuis Cazaux jusqu'au débouquement de Mémisan, et j'ai reconnu que c'était le point le plus favorable de toute la côte, pour l'établissement de ce nouveau port, qui, s'il faut s'en rapporter à la tradition dont j'ai rendu compte, serait le rétablissement de l'ancien qui existait dans cette partie. Dans l'état actuel des lieux, malgré le banc de sable qui obstrue quelquefois le canal par où les eaux, dont je viens de parler, s'écoulent à la mer, j'ai, à différentes époques, observé dans l'intérieur, à très-peu de distance du rivage, un bassin assez vaste, assez grand pour recevoir les bâtimens du cabotage, lors des hautes marées. Ce canal est bordé, à la vérité, par des dunes de sables de la même nature que celles mentionnées dans la description du département des landes ; ces dunes exigeraient d'être complantées ou ensemencées préalablement, mais le gouvernement ayant ordonné cette opération dans tout le pays, et ayant assigné des fonds pour fournir à la dépense qu'en demande l'exécution, il ne s'agirait, adoptant le projet, que d'occuper les atteliers sur ce point de préférence à tout autre (17).

(17) La lande de laquelle les eaux pluviales ou de source viennent alimenter les étangs depuis Caseaux jusqu'à Mémisan, peuvent avoir 50000 m. de longueur, sur 28000 en largeur, ce qui présente une surface de 140,000 hectares.

Les eaux de ce canal, ménagées et dirigées avec soin, peuvent remplacer ici celles d'une rivière. Sans doute un pareil travail est dispendieux, mais doit-on calculer la dépense, si le pays adjacent peut en retirer des avantages incalculables. En effet, combien ce port ne serait-il pas précieux sous tous les rapports? Son utilité ne se bornerait pas à favoriser le débouché des denrées du pays, il en est une autre bien plus importante; ce serait un refuge, un asile salutaire aux vaisseaux batus par la tempête, qui, ne pouvant s'élever dans le golfe, lorsque les vents soufflent, soit de l'O., soit du S. S. O., ou de l'O N. O., sont forcés, le plus souvent, de faire côte; ce serait, en tems de guerre, un refuge pour nos corsaires et autres bâtimens; ce serait enfin une relâche propice, qui suppléerait à l'insuffisance de celui de la Teste, dont les vents ne permettent pas toujours de profiter, et qui est l'unique sur cette côte, depuis Bordeaux jusqu'à Bayonne.

On peut évaluer à 55 mil. la hauteur de l'eau qui tombe, année commune, dans cette contrée, ce qui donne 770,000,000 m. cubes d'eaux pluviales, pendant une année; déduisant les 5/6me pour les évaporations et ce que la terre en absorbe, il reste environ 128,300,000 m. qui se rendent dans les étangs. Or, cette quantité divisée par le nombre de minutes contenues dans une année, présente un résultat de 244 mètres cubes, qui pourraient suffire à entretenir un canal de 15 m. de largeur sur un de profondeur moyenne; avec une vitesse de 16 mètres 33 c. par minute, ou 27 c. par seconde, ce qui est presque d'accord avec la réalité.

Il faut observer que dans le calcul précédent je n'ai point tenu compte de la surface des dunes de sable dont le versant est du côté des étangs, et qui fournissent encore une certaine quantité d'eau.

L'exportation des matières résineuses dans le Marensin et le pays de Born s'élève, année commune, à environ 12000 tonneaux; j'admets qu'il peut s'en écouler 4000 tant pour Bordeaux que Dax et la Teste, reste 8000 tonneaux, suffisant pour la charge de 150 caboteurs pour le moins. Qu'on y ajoute ensuite l'accroissement des récoltes, en matières résineuses, que l'on a droit d'attendre, par la suite, de l'ensemencement des dunes de sables; qu'on y ajoute l'exportation des autres productions du pays, qui deviendront aussi plus considérables; qu'on y ajoute les importations en retour, et on pourra juger de l'étendue du commerce qui se fera dans ce port, dès les premiers jours de son existence.

OBJECTIONS PRÉSUMÉES.

Il pourra, sans doute, en être formées plusieurs (18), mais je crois que les plus sérieuses se réduiront aux suivantes :

(18) Il n'est pas d'idée de projet, tel qu'il soit, qui ne serve d'aliment à la critique. Le travail une fois connu, les difficultés que l'auteur a eu à vaincre sont détruites; on lit, ou on examine l'ouvrage, et à peine a-t-on fini l'examen que déjà on en sait d'avantage; « Il faudrait ceci; il faudrait cela; le parti proposé par l'au- » teur est mauvais, archi-mauvais, cela ne vaut rien ». Mais ces critiques aussi judicieux, aussi empressés de condamner un ouvrage au néant, produisent-ils quelque nouvelle idée plus raisonnée et qui remplace la première? Non : Cela ne vaut rien, voilà les seuls mots qu'on leur entend prononcer. Mais enfin, ce Mémoire a coûté du tems, des soins, il présente au moins quelque chose, qui doit valoir un peu plus que rien, et l'existence, après tout, n'est pas le néant.

La première, sur ce que je propose, de préférence, dans la partie des Landes, la direction du canal au travers des étangs dont le fond tourbeux s'opposera à tout établissement nécessaire pour l'exécution, tels que digues, écluses, chemins de tirage etc.

La seconde, sur les canaux secondaires dans la même partie; sur leur moyen de réunion; sur celui employé, en pareil cas, entre Lacanau et l'eau bourde; entre le ruisseau des marais de Blaye et le Tarnac; la Boutonne et le Mignon; ou la Belle et le Lambon.

La troisième, sur le chimérique du projet, de gagner le Thouet, à l'aide de quelques ruisseaux qui, d'un même point, descendent, soit au Nord, soit au Midi; sur le peu d'eau que l'on trouvera en suivant cette route; sur l'impossibilité, conséquemment, de donner à chaque écluse la quantité d'eau nécessaire.

La quatrième, enfin, sur l'établissement d'un port à Mémisan, les difficultés que présente son sol, l'impossibilité de réunir, dans tous les tems, un courant capable, par sa rapidité et son volume, de détruire le banc de sable que la mer ne manquera pas d'entretenir à l'embouchure de ce port, et, attendu le peu d'eau qui resterait, à basse mer, la presqu'impossibilité d'y attirer des bâtimens marchands.

JE RÉPONDS.

Sur la première. Toute autre direction donnée au canal coûtera beaucoup plus que celle proposée; il ne faut pas s'arrêter à la nature du terrein, supposé qu'il soit tourbeux, et l'on peut facilement rectifier la disposition du sol. Le gouvernement ayant reconnu la nécessité d'ensemencer les dunes de sables qui bordent la côte, depuis l'Adour à l'Océan, il devient indispensable d'établir, près de ces forêts nationales, qui vont s'élever, des moyens de transporter les productions que l'on en retirera, soit en matières résineuses, soit en bois de chauffage ou de construction; c'est enfin les communes les plus voisines de la mer qui possédent les plus beaux pignadas.

Sur la seconde. Si j'ai proposé les canaux secondaires, mon but a été d'atteindre deux objets à la fois; dessécher les landes par plusieurs rigoles transversalles, qui se lieraient avec le système des canaux secondaires, et faciliterait, en même tems, le débouché des denrées ou productions du pays, dans les parties les plus populeuses. Si les moyens de réunion que j'ai proposés, dans cette section et dans les autres, paraissent, au surplus, hypothètiques et d'une exécution difficile, le nivellement exact des lieux fixera positivement sur l'un et l'autre point, et on est, après tout, bien loin de rencontrer ici les mêmes obstacles que pour le canal de Languedoc, d'une part, où l'on a eu à ouvrir la montagne de Malpas, sur une étendue de 240 mètres de longuer, et d'une autre part, pour le canal de Picardie, qui a nécessité, à la montagne de Jussy, une tranchée, à ciel ouvert, de 14 mètres de profondeur, sur environ 2 kilomètres de longueur.

Sur la troisième. La réunion de la Voune avec la Sèvre a été reconnue possible, par l'étang des Chateliers, et les moyens, qui seraient employés pour y parvenir, sont applicables à la jonction de la Voune avec le Thouet, (du moins si les cartes sur lesquelles j'ai opéré, et les renseignemens que je me suis d'ailleurs procurés, sont exacts et fidèles). J'ai cru devoir profiter d'une idée sage, de laquelle il paraît que l'exécution a été rangée dans la classe des choses possibles, et si je ne l'ai pas suivie, dans son entier, c'est qu'il en résultait pour moi une grande contrariété, en ce que je m'étais proposé de seconder les vues du Préfet de ce département, en ouvrant une nouvelle route dans un pays qui se trouve dépourvu de communications. Quand au peu d'eau que présente cette direction, je développerai, quand il sera nécessaire, les moyens, très-simples, qu'il faudra employer pour en tirer parti. Je me borne a observer ici que la quantité est suffisante, et, en un mot, que là où un moulin pourra tourner journellement, je puis établir une navigation aussi active que sur les canaux alimentés par des sources plus considérables.

Sur la quatrième. L'exécution des travaux nécessaires, pour former un port à Mémisan, peut entraîner, il est vrai, des difficultés, mais l'impossibilité de réussir n'est point démontrée mathématiquement. Je renverrai ceux qui en douteraient à Dunkerque, où dans un terrein aussi sablonneux, sans aucune rivière où ruisseau, sans autre courant que des canaux ouverts pour le dessèchement du pays, on a, cependant, trouvé les moyens d'établir un port assez grand pour recevoir 40 bâtimens de guerre. Des jettées en charpente y ont été poussées, à deux kilomètres du port, l'art a vaincu la nature, et le succès le plus complet a couronné une si grande entreprise. Sans vouloir prétendre que Mémisan devienne un autre Dunkerque, je crois qu'on doit également compter sur la réussite, et que les travaux à exécuter, pour rétablir ce port, peuvent être combinés de manière à y permettre, par la suite, l'entrée des bâtimens ordinaires du commerce, ce qui serait suffisant pour l'intérêt du pays.

Je ne présente point, au surplus, ce Mémoire comme définitif, mais seulement comme indicatif du parti que l'on peut tirer de telle ou telle situation. Ce ne sera que d'après le résultat des opérations qui seront ordonnées par le gouvernement, afin de constater la situation du pays à parcourir, les hauteurs respectives entre chaque rivière principale, le volume des eaux disponibles, enfin tout ce qu'il est nécessaire de connaître préalablement avant de rien statuer, ce ne sera, dis-je, qu'alors seulement que l'on pourra discuter les moyens les plus avantageux, et que le plus ou moins de mérite de ce projet sera reconnu.

APPERÇU DE LA DÉPENSE.

PREMIÈRE SECTION.

De l'Adour au bassin d'Arcachon.

La longueur totale du canal, dans cette section, est de 140,000 mètres, mais dont les 5/7mes seulement exigent des travaux, le reste étant occupé par les eaux des grands étangs dont j'ai parlé; c'est donc environ 100,000 mètres de canal à ouvrir. Sa largeur moyenne devant être de 40 mètres et sa profondeur de 2 mètres, il en résulte une excavation de 80 mètres cubes par mètre courant, ainsi en multipliant la longueur par la surface du profil, pris à travers la largeur du canal, on trouve un déblai à opérer de 8,000,000 m. cubes lesquels à raison de 45 c. le mètre cube, reviendront à la somme de .... 3,600,000 f.

Transport de ci-contre . . . . 3,600,000 f.

La longueur du premier canal secondaire est de 42,000 mètres, qui produiront une excavation de 2,352,000 m. cubes, lesquels, au même prix que dessus, coûteront . . . . 1,058,400 f.

Le second canal, dont la longueur est de 54,000 mètres, nécessitera une fouille de 3,024,000 m. cubes, qui coûteront. . . . . 1,360,800 f.

Le troisième devant avoir, 30,000 mètres de longueur totale, il en résultera une excavation de 1,680,000 m. cubes, lesquels, au prix ci-dessus, coûteront . . . . 756,000 f.

Enfin, le quatrième, qui doit avoir 104,000 mètres de longueur, dont partie est déjà navigable, produirait une fouille, si elle se fesait également par-tout, de 5,824,000 m. cubes, que je n'évalue qu'à 25 c. l'un, ce qui revient à 1,456,000 f.

Dans les trois canaux secondaires la largeur est fixée à 28 mètres en tout, y compris les contre-fossés.

Total pour la 1.ere section . . . . 8,231,200 f.

DEUXIÈME SECTION.

De la Teste à Bordeaux.

En prenant le second moyen de communication entre ces deux points, on trouve 51,000 mètres pour la longueur du canal dans cette partie, qui produiront une fouille de 4,080,000 mètres cubes, lesquels, au même

Transport de l'autre part....... 8,231,200 f.

prix de 45 c. l'un, comme dessus, s'éléveront à la somme de (19)............... 1,836,000 f.

10,067,200 f.

TROISIÈME SECTION.

De la Gironde à la Charente.

On compte entre les deux rivières 75,000 m. de distance, ainsi il en résultera une excavation de 6,000,000 m. cubes, lesquels reviendront, à raison du même prix qu'en l'article précédent, à la somme de.............. 2,700,000 f.

QUATRIÈME SECTION.

De la Charente à la Sèvre.

En suivant la première direction indiquée par la Boutonne et le Mignon, il y aura 1,16,000 m. de longueur à parcourir, qui, multipliés par la superficie du canal, pris sur

12,767,200 f.

---

(19) Le projet présenté par mon père, afin d'amener les eaux de l'étang de Hourtins à Lesparre, aurait coûté 421,084 francs. La somme nécessaire pour continuer la navigation, depuis Hourtins jusqu'au bassin d'Arcachon, monterait à 500,000 fr. au plus; ainsi avec 900,000 fr. environ on pourrait rendre à la vie un pays presque condamné au néant en ce moment, on dessécherait des marais précieux pour l'agriculture, et en même tems le commerce y trouverait un nouveau moyen d'activité.

Transport de ci-contre ...... 12,767,200 f.

sa largeur, produiront 9,280,000 m. cubes pour l'excavation qui serait nécessaire, si la Boutonne n'était pas déjà navigable une partie de son cours, ainsi je ne porterai le prix de cette fouille qu'à 30 c. le mètre cube, ce qui portera la dépense de cet article à.............. 2,784,000 f.

CINQUIÈME SECTION.

De la Sèvre à la Loire.

Malgré que la distance à parcourir, d'une rivière à l'autre, soit de 140,000 m., il n'y aura, au plus, que 100,000 m. de tranchée à ouvrir, qui produiront une excavation de 8,000,000 m. cubes, lesquels, à 35 c. l'un, reviendront à la somme de........................... 2,800,000 f.

Total de la dépense pour l'ouverture du lit du canal, chemin du tirage et contre-fossés compris, la somme de................. 18,351,200 f.

Il faut y ajouter celle de la construction des écluses, de l'achat des cordages, cabestans, etc. celle des acqueducs ou ponts nécessaires pour ne pas interrompre l'écoulement des eaux, ni les communications usitées, enfin l'indemnité à accorder à ceux dont les propriétés seront sacrifiées pour l'établissement du canal; la dépense de la levée des plans et profils de nivellement, le salaire des employés, lors de la construction; j'évalue ces divers objets aux

18,351,200 f.

Transport de l'autre part....	18,351,200 f.
2/5mes du premier total ci-dessus ressorti, ce que j'estime aussi être suffisant, attendu le peu de valeur des terreins à acquérir pour l'emplacement du canal, dans la majeure partie des territoires où il doit passer. Les 2/5mes de 18,351,200 f., ci..........................	7,340,480 f.
Il convient aussi de fixer une somme pour faux frais, accidens imprévus que j'évalue à	508,320 f.
Total général de la dépense par apperçu....	26,200,000 f.

CONCLUSION.

Il résulte des développemens qui viennent d'être établis, qu'au sein des départemens des Landes, de la Gironde, de la Charente-Inférieure, des Deux-Sèvres, et celui de Mayne et Loire, il existe plusieurs étangs, lacs, ruisseaux, ou sources, suivant à-peu-près la direction du Nord au Sud, dont les eaux se portent vers l'un ou l'autre de ces points cardinaux. Il en résulte la démonstration, au premier aspect, de la possibilité d'un canal de navigation depuis la rivière de l'Adour à celle de la Loire, sur une longueur de 70 myriamètres 8 kilomètres, environ 9/14mes de plus que le canal du Midi, qui n'a que 25 myriamètres à-peu-près.

2.° Qu'au moyen de ce canal principal, et de quatre autres secondaires, qui sont proposés particulièrement dans le département des Landes, on doit espérer d'obtenir un desséchement général, dont les suites seraient on ne peut plus favorables à l'agriculture, et salutaires pour le pays.

3.° Que profitant du volume des eaux qui proviennent des étangs de Sanguinet, Biscarrosse, Parentis, et Aureilhan, on peut établir, à Mémisan, un port marchand très-propice, tant pour l'exportation des denrées ou productions du pays, que pour l'importation de celles qui manquent à ses besoins, et en même tems pour la sûreté du commerce maritime, en paix comme en guerre, puisque ce port offrirait un asyle assuré sur cette côte, où il n'en existe d'autre que celui de la Teste, dont l'entrée, peu connue, n'est pas même exempte de difficultés (20).

4.° Que le canal du Midi, favorisant l'importation à Bordeaux, des denrées des départemens situés dans cette partie, le canal projeté faciliterait leur circulation dans les pays dont nous avons parlé, et de-là, par la Loire, jusques à Paris, et dans ceux arrosés par la Saône, au moyen des canaux d'Orléans, de Briare, et de Charolles, ou d'un nouveau canal, qui, passant par Dijon, réunirait l'Yonne avec la Saône; qu'enfin elle pourrait s'étendre dans le Nord de la France,

---

(20) Des landes couvertes jusqu'à cette heure de bruyéres, submergées les 3/4 de l'année, seraient rendues à l'agriculture. A la vue de ces desséchemens généraux, de ce nouveau port, qui multiplierait les débouchés des productions et denrées, de ce canal qui rendrait à l'agriculture, les bras, le tems employé au transport des denrées, et les engrais qui se perdent sans aucuns fruits au-dehors des communes, à la vue de tous ces encouragemens, pour le commerce et l'industrie, on verrait bientôt, dans ces landes, (en ce moment l'image de la misère) naître l'aisance et le bonheur, en un mot, une nouvelle colonie qui s'éléverait avec rapidité.

à l'aide du canal de navigation de la Somme à l'Oise, de celui projeté entre la première de ces rivières et l'Escaut, ou d'un troisième qui réunirait la Marne avec le Rhin.

5.° Que la réunion de la Vilaine avec la Mayenne et de l'Huisne avec l'Eure, ouvrirait, au sein des départemens de Mayne et Loire, Ile et Vilaine, Mayenne, Sarthe, Orne, Eure et Loire, et Seine-Inférieure, une nouvelle communication infiniment utile à ces pays, aux pays environnans, et au commerce en général.

6.° Qu'aux avantages incalculables, sous ce dernier rapport, sous celui de l'agriculture et de l'industrie, qui résulteraient de l'exécution de ce projet, on doit joindre ceux que le gouvernement en retirerait en tems de guerre, puisque, au moyen de cette navigation intérieure, on approvisionnerait, avec autant de sécurité que d'économie, la plupart des ports et places, soit au Nord, soit à l'Ouest, soit au Midi.

7.° Enfin, que la dépense nécessaire pour la confection de ce canal, ne s'élève, par apperçu, suivant le détail ci-avant établi, qu'à 26,200,000 fr., tandis que celui du Languedoc a coûté 14,000,000 fr. dans le tems, ce qui monterait aujourd'hui à 17,000,0000 au moins, et que celui de Dijon a été évalué à 10,000,000 francs.

A l'égard des revenus, provenans des droits à percevoir sur ce canal, il n'est guères possible d'en assigner la quotité; cependant, d'après le calcul fait, par évaluation, pour la première section, on peut, sans exagération, porter la totalité des produits à 1,200,000 fr. par année, pour le moins. Si on ajoute ensuite à cette somme les contributions à établir par la suite, dans les Landes, lorsqu'elles auraient reçu l'accroissement, en production et en population, dont elles sont susceptibles ; si on y ajoute les revenus à retirer des forêts nationales qui seraient complantées sur toute l'étendue des dunes de sables, depuis l'embouchure de l'Adour jusqu'à celle de la Gironde, (formant une surface d'environ 37,000 hectares) on doit espérer un intérêt majeur des capitaux nécessaires pour une semblable opération.

Si, malgré les fautes que l'on remarque dans ce projet, j'ai pu fournir quelques idées utiles, j'aurai en partie, atteint mon but, et je réclame, au surplus, l'indulgence des personnes éclairées qui me jugeront. Je n'ai rien indiqué en termes absolus : ce n'est, à proprement parler, que le cannevas et l'esquisse d'un projet qui demande d'être étudié avec soin et mûrement réfléchi ; il est plus d'un nivellement, plus d'une observation à faire, avant de fixer irrévocablement la route la plus avantageuse du canal, avant de rédiger enfin un devis précis de toutes les dépenses.

Ayant ainsi rempli la tâche que je m'étais imposée, il me reste à former des vœux pour l'exécution du plan que j'ai conçu, et à offrir le concours de mes faibles moyens, soit aux opérations préalablement nécessaires, afin de s'assurer de la possibilité de l'entreprise, soit à celles qui auraient pour but de confectionner les travaux à faire pour cet objet.

Je termine par cette réflexion, dont tout démontre la justesse et le fondement :

« Point de pays incultes là où on trouve des communi-
» cations directes et commodes ; la facilité des transports in-
» flue singulièrement sur l'accroissement de la culture ; nais-
» sent, de-là, fertilité et abondance, dont le superflu de-
» vient l'objet d'un commerce considérable, et une nouvelle
» source de richesse et de prospérité pour ce pays ».

RÉUNION DU RHIN
AVEC LA SEINE.

Cette idée paraîtra sans doute très-extraordinaire, mais avant de la condamner il faut au moins des réfutations appuyées sur quelques opérations géométriques ; jusques là, j'opposerai les probabilités qui se déduisent de la configuration du terrein et de la différence qui se trouve très-communément entre le niveau de plusieurs sources qui partent d'un même plateau.

Au surplus, pour mettre mes lecteurs à portée d'apprécier cette partie de mon projet, je vais fournir quelques renseignemens utiles à son développement :

1.° La Moselle, qui prend sa source dans les Vosges, à peu de distance de la Saône, (Domitien avait entrepris cette réunion) passe à Toul où elle devient navigable, Metz, Treves et Coblentz.

2.° La Meuse, qui sort des environs d'un village de même nom, commence a être navigable à Neufchâteau, elle coule le long de Commercy, Verdun, Sédan, Mézieres, Namur, Liege, Maëstricht, et autres villes.

3.° La Marne, dont la source est dans les montagnes de Langres, passe à Chaumont, Joinville, Saint-Dizier, Châlons, Epernay, Dormans, Château-Thierry, Meaux, et se perd dans la Seine, à Conflans.

4.° Entre la Meuse et la Marne on trouve encore la petite rivière de l'Ayr, dont la source est peu éloignée de Commercy, sur la Meuse, courant ensuite au Nord, elle passe à Clermont, Varennes, et se perd dans l'Aisne, près de Grand-Pré.

5.° L'Aisne, qui est à peu de distance de la source de la précédente; son cours, dirigé d'abord vers le Nord, après avoir passé à Saint-Menehould et Grand-Pre, se courbe vers l'Ouest, et continue par

Rhetel, Soissons, pour s'écouler dans l'Oyse, un peu au-dessus de Compiègne.

Enfin l'Ornain, autre petite rivière, dont la source se trouve à l'Ouest de l'Ayr, de laquelle elle est assez proche; elle n'est pas bien étendue dans sa course, après avoir arrosée Bar-sur-Ornain, Vitry-le-Brûlé, elle reçoit le Saux avant de se perdre dans la Marne, elle devient navigable depuis Bar sur Ornain.

Or, d'après cet exposé, la Moselle se perd dans le Rhin, à Coblentz, et la Marne dans la Seine, à Conflans; la Marne reçoit l'Ornain près Vitry-le-Français. De Bar-sur-Ornain, à Toul, on compte 55 kilomètres, et seulement 30 jusqu'à Commercy.

Premier Moyen.

Entre la Moselle et la Meuse on rencontre, près de Toul, l'Ingressin, petit ruisseau qui remonte jusqu'au village de Laye, près de la Meuse, et un second ruisseau qui, par une pente opposée, se perd dans cette dernière rivière, près de Pagny. Ce premier projet se trouve confirmé par un travail du Maréchal de VAUBAN, dont j'ai eu connaissance au moment ou je terminais ce Mémoire.

Second Moyen.

Les étangs qui sont dans la forêt de Commercy donnent naissance à une infinité de ruisseaux qui se jettent en partie dans la Moselle. Leur supériorité, sur cette rivière et la Meuse, présente un second moyen de tenter la réunion proposée.

Troisième Moyen.

Enfin, aux environs du Mont-Vignole, au Sud des villages de Laye et Ménillot, on distingue deux ruisseaux, l'un courant à l'E. qui se perd dans la Moselle, à Toul, et le second dans la Meuse, à Rigny Lasalle, au-dessous de Vaucouleur.

Quand à la jonction de la Meuse avec l'Ornain on peut se servir des diverses sources qui sont entre ces deux rivières, et il y a tout lieu de croire qu'il existe une différence de niveau entre la

Meuse, l'Ayr, et l'Ornain; or, celle dont la supériorité serait reconnue, deviendrait le point de partage de cette jonction.

Louvois avait projeté de réunir l'Aisne avec la Meuse, par un canal de 10 kilomètres environ, depuis Semuy jusqu'à la rivière de la Bar, et rendre ensuite l'Aisne navigable jusqu'au-dessus de St-Menehould. Les piquets ont été plantés sur la direction projetée de ce canal, qui aurait eu lieu sans les guerres survenues alors.

Ce projet, revu par Legendre, ingénieur, vient de reparaître encore sous une nouvelle rédaction, que le cit. Deschamps, ingénieur aussi, à Mézieres, lui a fait subir. Si des considérations particulières fesaient rejetter l'idée de réunir la Meuse et la Marne, on peut se servir, avec avantage, certitude, et économie, du précédent, le cit. Deschamps présente, à cet égard, toutes les données capables de convaincre les plus incrédules, et je ne peux que me féliciter d'avoir pensé à une opération utile, à laquelle des hommes du métier travaillaient en même tems.

A BORDEAUX,
Chez Dubois et Coudert, Imprimeurs, rue Courbin.

www.ingramcontent.com/pod-product-compliance
Ingram Content Group UK Ltd.
Pitfield, Milton Keynes, MK11 3LW, UK
UKHW012257240726
13966UKWH00004B/1448

9 782012 922754